U0177514

# 重要电力用户停电应急演练一本通

国网浙江宁波市奉化区供电公司　组编

中国电力出版社

CHINA ELECTRIC POWER PRESS

# 内 容 提 要

重要电力用户在国家或者一个地区（城市）的社会、政治、经济生活中占有重要地位，对其中断供电将可能造成较大的环境污染、经济损失甚至人身伤亡，为减少其停电的损失，供电公司要定期举行重要电力用户停电应急演练。为提升演练效率，保障演练效果，加强对重要电力用户停电应急演练的培训，特编写了《重要电力用户停电应急演练一本通》。

本书以人民医院为例，介绍了重要电力用户的用电特点，以及重要电力用户停电应急演练的流程、各参与演练部门的工作职责和工作要点，以期提高公司员工应急处置能力，有效解决公司重要电力用户停电应急演练中人员职责不清、配合不到位、响应不及时、故障处理欠高效的困境，加强相关人员学习。

## 图书在版编目（CIP）数据

重要电力用户停电应急演练一本通 / 国网浙江宁波市奉化区供电公司组编 . — 北京：中国电力出版社，2021.5

ISBN 978-7-5198-5440-9

Ⅰ.①重… Ⅱ.①国… Ⅲ.①停电事故－应急对策 Ⅳ.① TM08

中国版本图书馆 CIP 数据核字 (2021) 第 041976 号

出版发行：中国电力出版社
地　　址：北京市东城区北京站西街 19 号（邮政编码 100005）
网　　址：http://www.cepp.sgcc.com.cn
责任编辑：冯宁宁（010-63412537）
责任校对：黄　蓓　郝军燕
装帧设计：赵珊珊
责任印制：吴　迪

印　　刷：三河市万龙印装有限公司
版　　次：2021 年 5 月第一版
印　　次：2021 年 5 月北京第一次印刷
开　　本：880 毫米 ×1230 毫米　20 开本
印　　张：4.75
字　　数：114 千字
定　　价：30.00 元

为提升公司在夏季大负荷期间发生严重故障时，各级运行人员处理事故的能力，避免重要电力用户长时间停电造成社会经济损失，依据《奉化电网迎峰度夏大型联合反事故演练方案》，针对各级运行人员在实际停电事故演练中遇到的问题，本书梳理了停电应急事故中各级人员的职责分工、协同配合流程及机制，提炼停电故障现象及处理要点，整理编写了这本《重要电力用户停电应急演练一本通》内容，希望电网各级运行人员通过学习此一本通的内容，提升停电事故配合协同能力、故障排除处置能力。

　　在编写过程中，编写组深入供电公司参与演练，详细记录了重要电力用户停电演练的流程及规范，组织一线员工参加一本通的内容修缮工作，并开展了审核、通告、专家评审等工作，对重要电力用户停电演练进行了系统性介绍。本书图文并茂、通俗易懂，用口袋书的形式方便读者自学。

本书的编写得到了楼鸿鸣、左红群、秦立明、江斌、吕备、闻铭、王善杰、许耀杰、汪坚杰、何平波、王松林、邬梦杰、徐修华、黄鹤、于海、朱炳辉、李满康、罗炳、汪晴、方韧杰、忻一健、曾德龙、汤武君等专家的大力支持，在此谨向参与本书编写、研讨、审稿、指导的各位专家、领导和有关单位致以诚挚的感谢！

C O N T E N T S 目录

# CONTENTS

PART

01

第一部分

停电应急演练背景

# 一 重要电力用户

重要电力用户是指在国家或者一个地区（城市）的社会、政治、经济生活中占有重要地位，对其中断供电将可能造成人身伤亡、较大环境污染、较大政治影响、较大经济损失、社会公共秩序严重混乱的用电单位或对供电可靠性有特殊要求的用电场所。

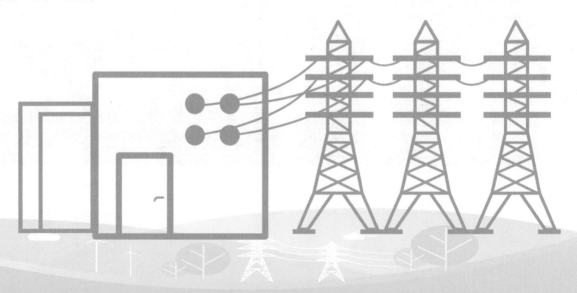

## 二 演练场地背景

### 1. 奉化区人民医院介绍

奉化区人民医院位于浙江省宁波市南郊，奉化区中心，是一所集医疗、教育、科研为一体的二级甲等综合性医院，是奉化区最大的综合性现代化医疗中心，也是全区的医疗抢救中心。

医院创建于 1931 年，经过 80 多年的发展及几代医院人的不懈努力，现已建设成为一家技术力量雄厚、专业和设备齐全、服务质量上乘的综合性县市级医院，并同浙江大学医学院附属第一医院建立了医疗协作关系。

重要电力用户停电应急演练 一本通

 医院占地面积 4 万平方米，建筑面积 8 万平方米。医院核定床位 720 张，设置行政职能科室 12 个、后勤科室 6 个、临床科室 35 个（病区 19 个）、医技科室 14 个。年门 / 急诊人次超百万，出院人次 2.6 万余。

医院拥有全封闭的层流手术室、ICU、CCU 和新生儿监护病房，先后引进和拥有各类先进仪器设备，如 1.5T MRI、16 排螺旋 CT（2 台）、大型 C 臂数字化心血管造影机（DSA）、X 机摄影数码成像系统（DR、CR）、超声刀、彩超、全自动生化分析仪、超声胃镜、胶囊胃镜、等离子电切镜、高清晰度腹腔镜、宫腔镜等。

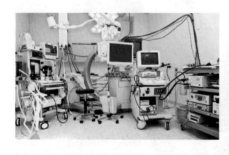
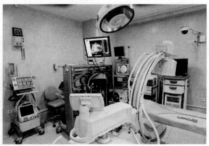
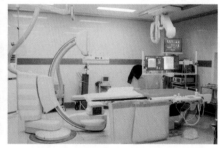

## 2. 医院荷载特点

医院的用电负荷特点：

### （1）供电要求高。

对一、二级负荷要求两个独立电源供电，其中消
防用电负荷为一级负荷中特别重要的负荷，要求双电
源、双回路供电，末级配电箱自动切换。手术室、ICU
等用电部门一般都是两路电源供电并配备应急柴油发
电机，但是市电的切换、从市电断电到发电机启动投
入运行都会有一个瞬间断电的过程。这种瞬间断电会
对有些医疗设备自身和医疗工作造成影响，甚至会影
响病人的生命安全。这些部门应该配备不间断电源，
确保医疗设备在电源进行切换的过程中不会出现瞬时断电的情况。

日常巡检

（2）用电负荷大。

医院示意图

　　医院，尤其是一些大型综合性医院，其科室一般分散在不同楼层，形成高层建筑和多层建筑。

　　按负荷分类，建筑物内所有消防用电负荷（包括消防电梯、消火栓泵、喷淋泵、送风机、排烟机、消防控制室电源、防火卷帘门电源、应急照明电源等）为一级负荷，其余负荷为三级负荷。

由于负荷曲线会有较大变化，医院变电站的数量也可能需要改变。因此在医院变电站选址时要特别注意的是尽可能在负荷中心，进出线方便。

　　管理界限应清楚，职责分明。10kV 配电网的系统配置要求：供配电系统运行安全，维护方便，投资合理。

医院消防控制室

（3）负荷波动大。

# 门诊综合楼楼层索引

| 西区 | | | 东区 |
|---|---|---|---|
| 财务科　　　纠风办 | | | 康复科（理疗 针灸 颈肩腰腿疼） |
| 医务科　　　人事科 | | 4层 | 门诊手术室 |
| 控感科　　　办公室 | | | 内镜室（胃镜、肠镜） |
| 护理部　　　经管办 | | | |
| 会议室 | | | |
| 口腔科　　　司法鉴定所 | | | 眼　科 |
| 肛肠科 中医外科 中医内科 中医妇科 | | 3层 | 耳鼻喉科 |
| 皮肤科　　正骨科　　乳腺科 | | | 妇科门诊 |
| | | | 多普勒室 |
| | | | 肺功能室 |
| 检验科 | | 2层 | 内科门诊 |
| | | | 心电图室 |
| | | | 超声科 |
| 急诊科 | | 1层 | 儿科门诊　　　外科门诊 |
| | | | 输液大厅 |

（4）逐步扩容。

作为一个建筑单体，用三相四线制配电是平衡外线系统的基础，设计中要注意每栋楼都要尽可能地把各相的负荷分配平衡。需注意的是：变电站内的10kV高压侧采用的设备对变压器容量会有所要求。例如，采用六氟化硫的负荷开关，由于各种因素的影响，其保护的变压器容量不宜大于1250kVA。至于每个变电站的变压器容量要留有余地，因地制宜。

除此之外，医院各建筑群体楼内的主干线、支干线的截面选择至关重要，往往线路载流量不足的现象都出现

医院配电

在这里。供电部门希望居住区外线的电缆载流量应予留25%的余量，楼内的配电干线、支干线截面应在按计算电流选择导线的基础上加大一级，当然断路器的整定电流应随之加大。

## 3. 医院停电危害

医院停电造成的危害主要集中在：

监护病房、产房、婴儿房、血液病房的净化室、血液透析室、血库、配血室的电力照明，以及培养箱、冰箱、恒温箱和其他必须持续供电的精密医疗装备，走道照明，重要手术室空调。

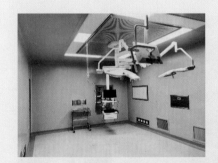
手术室空调

医院血库

医院婴儿房

在这些地方，停电可能会给医院带来无法挽回的负面影响，如正在进行中的手术、培养的各种细胞和实验用材料，因供电问题可直接导致手术中断、培养细胞死亡，从而给医院和患者及其家庭带来重大损失和伤害，甚至影响医院的声誉和社会形象。

其次，对电子显微镜、X 光机电源、高级病房、肢体残疾康复病房照明、一般手术室空调也可能由于断电造成一定损失。

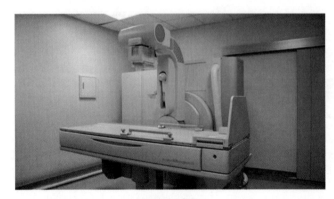

医院 X 光机

医院高级病房

医院供电室

医院如果出现大型事故，在减灾期间供电电源失去，可能会导致事故进一步扩大，局面无法控制。

## 三 演练目的

　　本次供电公司与人民医院的联合反事故演练，通过对医院因突发失电情况的模拟，确保供电公司相关部门与人民医院联络，处置过程准确，流程规范，效果良好。

　　同时，也能检验和完善公司重要用户停电应急预案，增强公司及医院相关人员突发停电的应急能力，更好地保障医疗工作正常进行。

线路检查

## 四 演练要求

（1）严格执行各级调度命令、遵守调度纪律。

（2）迅速、准确查找、隔离故障设备，并率先恢复重要用户供电。

（3）合理安排运行方式，严禁设备过载。

重要电力用户停电应急演练 一本通

（4）加强与配网抢修指挥的协同。

（5）严格按照各项业务流程要求开展工作。

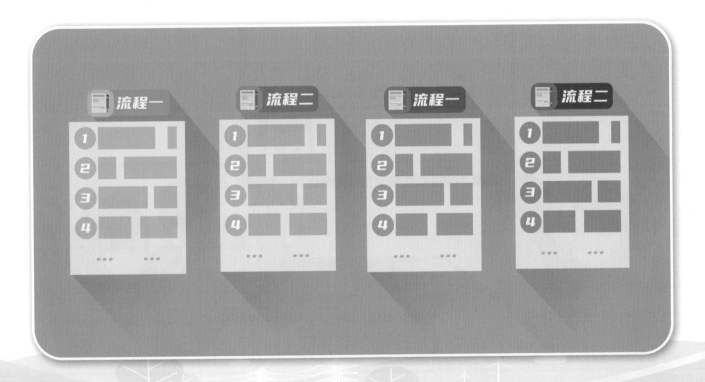

（6）按奉化电网重大事件应急汇报规定，及时向有关负责人和有关部门报告当前电网及设备故障情况。

## 五 演练期间的有关规定

（1）演练过程中，如涉及部门运行系统发生事故，该部门的人员应立即汇报导演，由导演决定是否中断演练。

（2）演练过程中，各参加单位（部门）应将全过程详细记录。演练结束后，参演部门负责人到公司应急指挥中心集合。政府相关部门、市公司和公司应急指挥部负责人及专家对本次演练开展点评总结工作。

（3）所有参演单位对演练中存在的问题进行认真、全面地分析和评议，并书面总结，报电力调度控制分中心。

## 六 演练安全监督措施

（1）在演练过程中，各演练现场应专门有人监护，保证系统和演练的安全、顺利进行。

（2）各演练现场应采取切实有效的措施，演练人员演练时，互报姓名前应加上"演练"两字，严格区分运行值班人员同演练人员，正常生产话路同演练专用话路，防止混岗。

（3）在演练过程中，供电公司系统只可模拟，严禁实际操作，注意安全距离。为增强演练效果，人民医院用户侧设备可由用户演练指挥部决定选择灵活方式，但不能影响正常工作运行。演练开始前，现场监护人员应向所有参演人员及运行人员进行设备状态交底。

PART

# 02

## 第二部分

# 停电应急演练部门

## 一 调度部门

### 1. 日常工作职责

（1）贯彻执行上级调度机构及有关部门颁发的规程、标准、制度和办法，负责编制配网调控管理规章制度的实施细则。

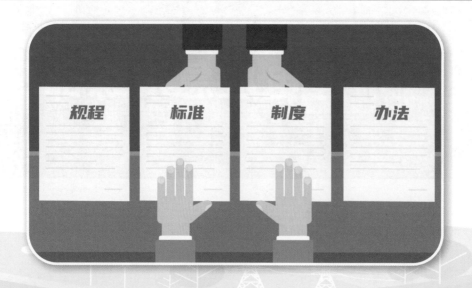

（2）落实上级调度机构专业管理要求，负责配电网的电力调度控制等各专业管理。负责所辖配电网二次技术监督。

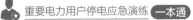

（3）负责合理调整运行方式，进行配网的调度运行、操作和故障处置，制定配网安全运行的提高措施，保证配网连续、稳定和可靠运行。

（4）负责配网设备的集中监视、信息处置和远方操作。进行集中监控许可管理，并组织落实监控信息定义分类、设备评价、统计分析等工作。

（5）负责负荷预测工作，执行上级调度机构下达的用电指标，配合做好有序用电工作。

（6）负责所辖县级电力监控系统安全防护及调度自动化系统的运行和管理。

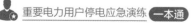 

（7）负责管辖范围内并网电源（厂）及各类用户的调度管理和技术监督，重点开展所辖专线用户、高压侧不同电源间具备电气连接的双（多）电源用户的调控管理。负责签订所辖发电厂、35 kV 用户变、10（20）kV 专线用户及高压侧不同电源间具备电气连接的双（多）电源用户的并网调度协议。

（8）开展调控安全生产保障能力评价工作，参与所辖电力系统事故调查，组织开展调度管控范围内的故障分析。

（9）贯彻落实国网公司配网抢修指挥管理制度、标准、流程及国网浙江省电力公司的实施细则，进行配网抢修指挥专业管理。

（10）开展区域内的配网故障研判和抢修指挥业务。供电服务指挥平台（中心）的故障研判和抢修指挥具体业务按相关规定执行。

## 2. 日常工作要点

（1）认真记录本班值班日志以及查看历史值班日志。

（2）查看主网及配网接线方式有无变化。

（3）完成日调度计划的各项任务。

（4）认真监测奉化电网设备有无异常告警及事故信号，各变电站母线电压、线路及主变负荷有无越限。

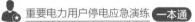 
（5）及时按规程处理各类事故。

## 3. 日程工作职责

（1）配网调度机构值班调控员在其值班期间是电网运行、操作和故障处置的指挥人，按照调度管辖范围行使指挥权。值班调控员必须按照规定发布调度指令，并对其发布的调度指令的正确性负责。

（2）在进行调度业务联系时，必须使用普通话、浙江电网调度术语和浙江电网操作术语，互报单位、姓名，严格执行发令、复诵、录音、监护、记录和汇报制度。

（3）管辖范围内设备发生事故、异常、越限、变位类信息告警时，值班调控员应立即进行分析处置，必要时通知运维单位进行检查、核实。运维单位按有关规定要求及时汇报配网调度机构值班人员。

## 4. 演练职责

（1）演练监控负责监控范围内的设备监视、监控信息处置。

（2）演练调度在演练期间是电网运行、操作和故障处置的指挥人，按照调度管辖范围行使指挥权。演练调度必须按照规定发布调度指令，并对其发布的调度指令的正确性负责。

## 5. 响应流程

（1）发现线路跳闸，人民医院失电。

（2）通知相关部门及领导。

（3）供电所汇报线路检查情况。

（4）根据故障情况隔离故障点并恢复线路送电。

（5）抢修完毕恢复人民医院正常供电。

## 6. 易错点

（1）故障发生阶段漏掉信息，未通知相关部门，尤其是线路涉及重要电力用户时，需及时通知用户及市场营销部。

（2）故障发生后，调度应及时调取相关线路单线图等资料，统筹思考安排线路故障隔离、用户送电等相关内容。

## 二 市场营销部

### 1. 日常工作职责

（1）负责 35kV 客户、10kV 重要电力客户服务。

（2）负责高危及重要客户安全用电服务、特殊时期客户端保供电等工作。

## 2. 演练职责

协调公司相关部门与人民医院工作协同，指导医院电气人员规范操作电气设备，保证重要负荷的可靠供电。

重要电力用户停电应急演练 一本通

安全员：检查人民医院一级至三级用电负荷合理性，指导医院电气人员规范操作电气设备，提醒医院电气人员随时关注用电负荷。

　　**检查后安全员报告领导：**我是演练营销部成员，公司应急发电车及医院自备发电机已接入，人民医院重要部门供电恢复，目前两路发电电源所带用电设备负荷基本稳定。

上级答复：请继续关注用电设备负荷、重要科室的用电情况。

## 三 运维检修部

### 1. 日常工作职责

（1）负责主网设备运维检修的归口管理。

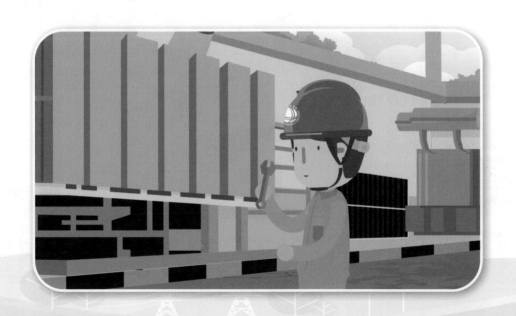

（2）负责主网设备全过程技术监督的归口管理。

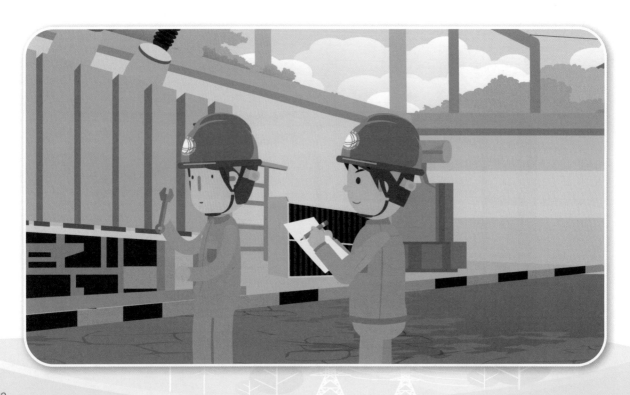

（3）负责主网设备技改大修的归口管理。

（4）负责设备状态检修和不停电作业管理。

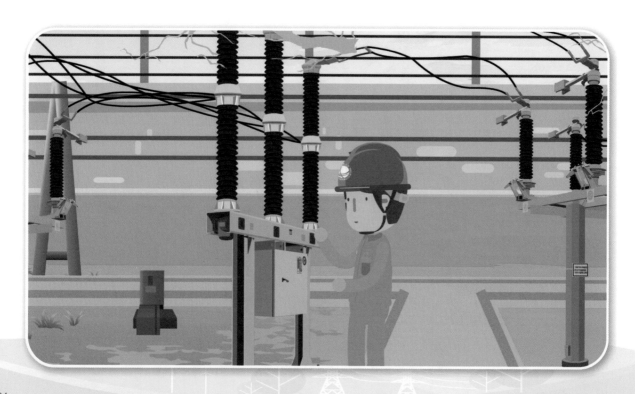

（5）健全现场标准化作业制度并监督实施。

（6）负责运检专业消防、应急管理。

（7）负责可靠性归口管理及配网改造管理。

## 2. 演练职责

对抢修故障点进行技术指导，关注现场施工方案是否合理，必要时立即指出更正，管控抢修进度、施工质量，协调应急抢修材料的供应。

响应
流程  接到应急响应启动通知后，赶到医院停电现场。

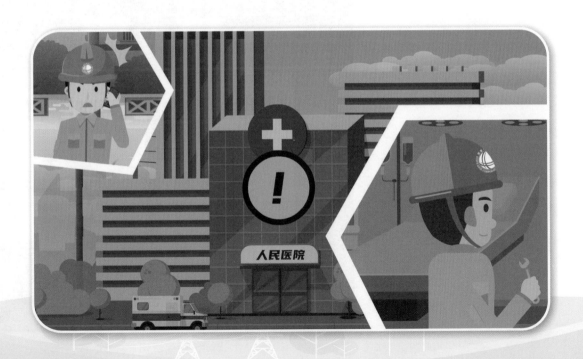

## 四 安全监察质量部

### 1. 日常工作职责

（1）贯彻执行国家和上级单位的有关规定及工作部署。

（2）负责制定本单位安全监察和应急管理方面的规章制度和办法。

（3）负责组织协调本单位应急体系建设、应急管理日常工作等。

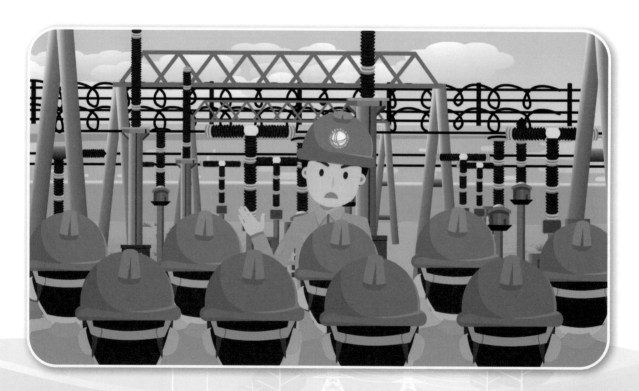

（4）负责安全事件的调查、分析和处理。

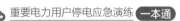

（5）负责归口管理安全生产事故隐患排查治理等工作。

（6）负责组织制定安全技术及劳动保护措施计划并监督落实。

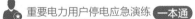 
（7）负责安全督查管理。

## 2. 演练职责

监督抢修施工的现场安全，施工方案的安全、规范，必要时予以指出补充。

重要电力用户停电应急演练 一本通

响应
流程

接到应急响应启动通知后，赶到医院停电现场。

78

## 五 党委党建部

### 1. 日常工作职责

（1）负责新闻宣传策划，开展主题传播。

（2）负责先进典型宣传，组织新闻信息发布，联络沟通媒体，指导公司所属单位加强宣传联动。

（3）负责公司形象宣传，加强传播能力建设。

（4）负责公司舆情监测、分析研判、舆论引导和处置协调工作，指导公司所属单位落实舆情属地管理责任，组织有关部门开展系统处置等。

## 2. 演练职责

负责舆情处置，了解人民医院停电影响、抢修情况，及时做好宣传。

## 3. 响应流程

（1）收到通知。

（2）成立舆情应对小组（向领导和上级汇报实时舆情情况，监控网络舆情，前往现场组织新闻通稿）。

成立舆情应对小组

（3）事发 2 小时内，完成第一个对外发布口径。

（4）在各类媒体平台刊登新闻通稿。

**舆情应对小组:** 报告总指挥,目前舆情状况平稳。党委党建部已组织完成第一个对外口径,请审核发布。

总指挥答复：

已审核，请发布。

舆情应对小组：报告总指挥，已通过官方微博、区网信办、地方主流媒体发布消息，引流舆论。

　　**舆情应对小组：**报告总指挥，党委党建部已联系电视台和报社记者前往人民医院抢修现场，宣传公司高效抢修措施，减少舆论对停电的关注。

总指挥答复:

收到。

 供电所

## 1. 日常工作职责

（1）负责 10（20）kV 及以下配电线路及设备的运行、维护、检修等工作。

（2）负责与地方政府、大型企业、优质客户对接，及时掌握用电需求和市场信息，将电网建设需求、服务需求及时上报专业部门，实现电网规划、配套建设、营销服务等快速响应，实施"一口对外"供电服务。

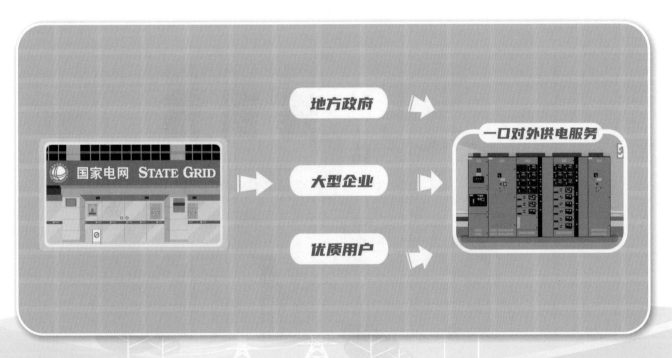

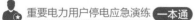

## 2. 日常工作要点

负责 10（20）kV 及以下配电线路及设备的运行、维护、检修等工作，负责客户的用电检查、日常管理、安全用电服务等。

96

## 3. 工作注意事项

发现问题及时整改，督促指导重要电力用户制订的应急预案是否合理。

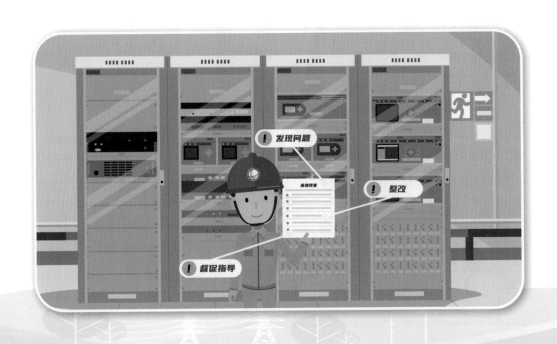

## 4. 演练职责

根据现场应急抢修规范及调控中心指令，做好现场应急抢修。

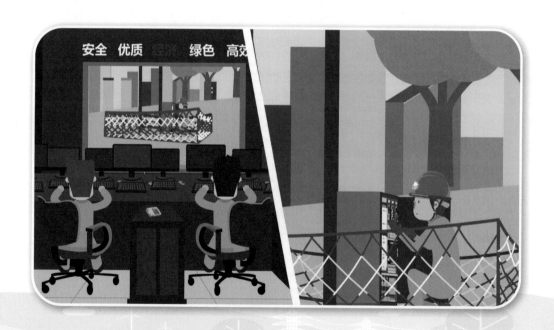

## 5. 易错点

未按调控中心指令，擅自开展抢修工作。

 电力小草服务队

演练职责

　　协同人民医院电气人员检查人民医院重要科室（急诊科室）的用电线路、用电设备运行情况，并随时向公司临时应急指挥部反馈检查情况。

检查后报告总指挥：我是演习小草队员，人民医院重要科室的用电线路、用电设备已检查完毕，情况正常。

总指挥答复：请继续做好人民医院电气人员协同检查。

响应流程

接到应急响应启动通知后，赶到医院停电现场。

！接到应急响应启动通知后，赶到医院停电现场

人民医院

重要电力用户停电应急演练

一本通

PART

# 第三部分

## 停电应急演练概览

# 一 演练流程简介

　　奉化公司调控分中心监控发现：人民医院双路电源后方 A 线、B 线跳闸，人民医院全院失电。

　　供电公司调控中心发现故障，通知供电所、营销部及用户故障发生情况，随后由营销部通知相关部门查明故障原因，启动重要电力用户停电应急响应流程，尽快恢复用户用电。

　　随后，公司重要用户停电应急响应方案启动，供电公司安全监察部、运维检修部、党委党建部、供电所等部门各就各位、各司其职，进行技术指导、监督现场安全、开展舆情应对、协同用电线路、设备检查等工作。

供电所到达现场后发现人医开关站冒烟，两条进线电缆头烧毁，暂时无法通过电网送电。人民医院随即开通绿色通道，公司增援的 400kW 应急发电车到达现场，并接入，发电车带负荷运行，医院自备发电机正常运行，恢复人民医院供电。

随后，公司抢修人员赶到开关站，做好故障隔离及现场安全措施后，立即组织抢修，开展电缆头制作等工作。

最终，人医开关站故障修复，发电车、自备发电机撤出，人民医院全院恢复正常供电。

## 二 演练内容概览

### 1. 故障现象

人医开关站两条进线电缆导致 A 变电站 A 线、B 变电站 B 线线路相继跳闸，人民医院两路供电电源失去。

√ **处理要点：**

重要电力用户区人民医院失电短时无法恢复，营销部、运检部组织开展现场恢复送电。

## 2. 人民医院电网运行方式

人民医院由人医开关站 10kV Ⅰ 段母线及 10kV Ⅱ 段母线分别供电，人医开关站 10kV 1 号、2 号母分开关热备用状态，A 变电站 A 线供人医开关站 10kV Ⅰ 段母线，B 变电站 B 线供人医开关站 10kV Ⅱ 段母线，人医开关站 10kV Ⅰ 段人民专变线带人医高配 1 号专变、2 号专变，10kV Ⅱ 段医院专变线带人医高配 3 号专变、4 号专变。

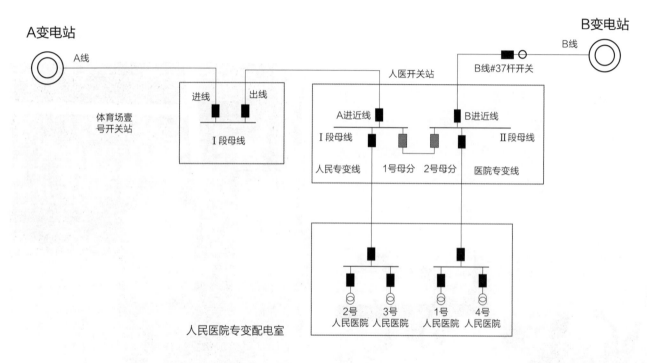

人医开关站接线图

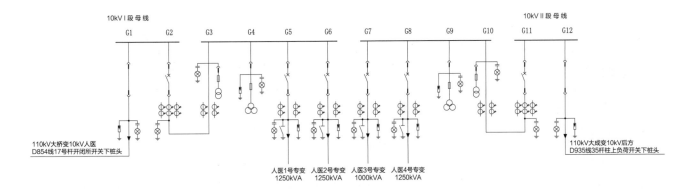

10kV Ⅰ段母线

10kV Ⅱ段母线

G1  G2  G3  G4  G5  G6  G7  G8  G9  G10  G11  G12

110kV大桥变10kV人医
D854线17号杆开闭所开关下桩头

110kV大成变10kV后方
D935线35杆柱上负荷开关下桩头

人医1号专变
1250kVA

人医2号专变
1250kVA

人医3号专变
1000kVA

人医4号专变
1250kVA

人医 10kV 一次接线图

## 3. 重要电力用户停电应急演练流程概况

**（1）故障发生阶段：**

　　1）调控中心—发现故障通知各部门。

　　2）营销部门—申请启动应急响应流程。

**（2）故障响应阶段：**

　　1）用户（医院）响应—检查医院内部设备。

　　2）用户（医院）响应—启动医院备用电源。

　　3）用户（医院）响应—启动医院应急响应。

　　4）供电公司响应—组织抢修。

　　5）运检部门响应—派发电车。

　　6）党建部门响应—发布媒体公告。

　　7）供电公司响应—报告政府相关部门。

　　8）运检部门响应—接入应急发电车。

**（3）故障抢修阶段：**

　　1）供电公司—布置抢修方案。

　　2）供电公司—发布抢修通告。

　　3）供电所—组织故障抢修。

　　4）安监部—开展安全督查。

**（4）故障修复阶段：**

　　1）供电所—报告线路抢修完成。

　　2）调度中心—发布恢复正常供电指令。

　　3）运检部门—应急发电车撤出。

　　4）党委党建部—发布抢修结束公告。

　　5）供电公司—宣布应急响应结束。

PART

01

第四部分

停电应急演练流程

## 一 演练环节一 ——故障发生

### 1. 调控中心 ——发现故障通知各部门

供电公司调控中心发现故障，通知供电所、营销部及用户。

调控中心发现 A 变电站 A 线跳闸，重合失败；B 变电站 B 线线路跳闸，重合失败。调控中心立即告供电所、营销部、用户双电源失电情况。

人民医院电气调度人员发现全院停电，报告医院值班负责人，开启医院内部自备发电机，进行高低配开关按规范操作，同时向供电公司申请应急发电车支援。

## 注意事项

（1）监控需及时发现事故信息，完成初步判断后并汇报值班调度。

（2）发生故障跳闸后，调度需通知变电运维班前往 A 变电站、B 变电站现场检查；通知配网抢修指挥班相关线路供电用户停电；通知线路相关供电所前往巡线；若停电线路涉及重要电力用户，调度还需通知用户线路故障，并汇报领导。

（3）调度需初步掌握线路停电造成的影响。

## 易犯错误

（1）发生线路故障跳闸后，调度需注意是否存在漏通知的对象，尤其是线路涉及重要电力用户的，还需通知相应用户和汇报领导。

（2）未及时确认停电用户内部设备情况。对于短时无法送电的重要用户，还涉及是否有备用发电机等。

## 2. 营销部门 ——申请启动应急响应流程

市场营销部报告供电公司应急指挥中心奉化人民医院双电源 A 线、B 线跳闸，全院失电，医院自备电源已开启，请求公司启动重要电力用户停电应急预案，应急指挥中心通知供电所、运检部、安监部等相关部门分别启动公司重要电力用户停电应急响应方案。

**二 演练环节二 ——故障响应**

## 1. 用户（医院）响应 ——检查医院内部设备

调控中心监测到异常情况后，立即通知人民医院值班电工：A 变电站 A 线跳闸，B 变电站 B 线线路跳闸，询问人民医院高配内部设备有无异常情况。人民医院值班电工回复：人医高配内部设备正在检查，但刚听到人医开关站有异响，正在冒烟。

## 注意事项

（1）医院值班电工在发生停电时，应立即检查高配设备是否正常并及时与供电公司调控分中心取得联系。

（2）若巡视发现内部高配设备存在明显故障，需立即隔离故障并向调控分中心汇报。

## 易犯错误

禁止未将来电侧开关断开进行抢修工作。

## 2. 用户（医院）响应 ——启动医院备用电源

　　值班电工向调度中心询问什么时候能来电，调控中心答复目前故障情况不明，供电所抢修人员已前往现场检查，建议启用自备发电机临时供电。

## 3. 用户（医院）响应——启动医院应急响应

医院内部立即启动停电应急响应，各科室按照医院停电应急预案采取措施，优先保障 ICU、抢救室、手术室等特殊科室的电力供应，在正式供电前制定好抢救患者使用的动力机器的替代办法，同时开启应急灯或手电照明。呼吸机、麻醉机若无备用电源，需备好手动通气装置，停电时医务人员立即将呼吸机病人人机分离，连接简易呼吸囊维持呼吸，并密切观察病人面色、血氧饱和度、意识、生命体征等，并加强病房巡视。

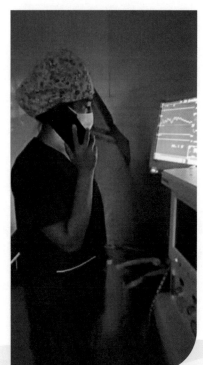

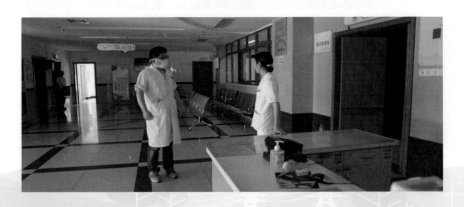

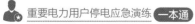
## 4. 供电所响应——组织抢修

供电所到达现场，协同人民医院电气人员检查重要科室（急诊科室）的用电线路、用电设备运行情况并进行故障点拍摄工作，检查发现人医开关站两条进线电缆头击穿。

## 注意事项

（1）供电所在发现故障后需及时告知调度，现场有条件隔离故障点的，按规程可先隔离故障点后再告知调度。

（2）供电所负责人收到抢修人员故障情况后，立即向公司相关负责人和职能部门报告，制定抢修方案。

## 易犯错误

（1）供电所未认真巡线、未定期对用户设备进行用电检查和缺陷告知。

（2）供电所抢修人员抢修协调不一致，造成抢修时间延误。

## 异常处理

（1）按用电检查周期规定：定期对重要电力用户进行周期性用电检查，定期对高压线路进行巡视，发现缺陷及时整改。

（2）编制重要电力用户抢修预案，明确人员工作职责，在突发情况期间处置做到忙而不乱。

## 5. 运检部门响应 ——派发电车

运检部门接到指令，立即调拨公司 400kW 发电车及供电所发电人员到人民医院应急发电支援。

### 注意事项

（1）运检部应掌握公司应急发电车使用情况。

（2）与人民医院对接好发电车容量、接入点及接入施工人员。

## 6. 党建部门响应 ——发布媒体公告

党委党建部成立舆情应对小组，立即部署工作分工。部门负责人作为舆情应对和新闻发布事务主负责人，负责向分管领导汇报实时舆情情况，并向上级公司党委宣传部汇报舆情突发信息。舆情应对小组负责监控网络舆情，并向业务部门了解情况，组织对外应对口径。同时，前往人民医院抢修现场，搜集视频、图片等新闻素材，负责组织新闻通稿。

### 注意事项

党委党建部要迅速反应，在事发两小时内，必须了解事故初步原因、影响范围和紧急抢修措施，完成第一个对外发布口径。经公司领导审核后，通过公司官方微博发布消息，同时报送奉化区宣传部网信办、"奉化发布""掌上奉化""FM994 微信号"等地方主流媒体。

## 易犯错误

（1）在对外宣传口径统一前，任何单位都要避免直接回答记者采访问题。

（2）若收到人民医院停电消息的媒体第一时间向党委党建部了解情况。此时可以向记者答复：具体情况正在了解中，很快会向各位记者发通稿，请耐心等待。

## 7. 供电公司响应——报告政府相关部门

供电公司办公室告知区府办、应急管理局等相关部门。

## 8. 运检部门响应——接入应急发电车

在发电车到达医院之前，供电所通知人民医院负责人开通发电车绿色通道，留出停车位置。运检部门将400kW发电车放至人民医院指定的固定车位，发电人员配合人民医院工作人员将发电机电缆接入指定位置。发电车启动发电前，应告知人民医院负责人，请人民医院电工核实低压电气连接方式，并注意控制用电负荷。

人民医院电气值班人员核实检查低压电气运行方式（人民医院电气值班人员先拉开 2 号专变 1 级至 4 级所有负荷，拉开 2 号低配与 4 号低配联络开关，恢复低压两路常供接线方式），确认无误后告知发电操作人员：低压开关已操作无误，将合上 2 号总柜发电机双投开关，请关注发电机发电功率。

发电车启动带负荷后，发电操作人员向营销部反馈运行设备负荷、发电车运行情况：发电车已正式带负荷运行，目前发电车运行正常。

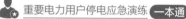
## 注意事项

（1）发电车到达人民医院指定停车位后，应做好相关安全措施（车辆前后摆放路牌，四周设置警示围栏）。

（2）发电前、发电后必须可靠接地。

（3）接入前必须与人民医院电气作业人员确认电气连接方式，告知发电车额定发电负荷。

（4）发电车人员应始终在现场，时刻关注发电车运行情况。

## 易犯错误

（1）因人民医院为重要电力用户，恢复供电时间急，出发前未及时检查工器具、油料等必需物资，导致发电车不能快速可靠接入或发电中断事件。

（2）接入前未与人民医院电气工作人员认真确认连接方式，告知发电车额定发电负荷，导致连接方式错误或发电车超额定负荷运行。

## 三 演练环节三——故障抢修

### 1. 供电公司 ——布置抢修方案

营销部、运检部、安监部、党委党建部各部门到达现场后各就各位、各司其职。

## 2. 供电公司 ——发布抢修通告

　　到达现场后，党委党建部要及时了解人民医院停电影响、抢修情况、恢复时间，做好消息发布。第一时间联系电视台和报社记者前往人民医院抢修现场进行报道，及时在电视台、纸媒以及地方各主流媒体、新媒体平台刊登新闻通稿。

### 注意事项

与记者沟通着重宣传高效抢修措施和抢修人员的责任心，减少舆论对停电原因和影响的关注。

### 易犯错误

关键信息要明确：在进行事件通报与工作进展的实时更新时，对于关键的事件信息应反复确认无误后，及时向公众传达。

## 3. 供电公司 ——组织故障抢修

　　供电公司组织故障隔离，恢复 A 变电站 A 线、B 变电站 B 线主线送电，供电公司开始抢修故障电缆头，且通知供电配服务公司来配合抢修，要求电缆头、做试验。

## 注意事项

（1）安装规范、正确办票、工器具物料齐全。

（2）故障点隔离后，抢修作业段前后必须做好可靠的安全措施，确保抢修作业安全。

（3）抢修作业区域做好相应安全措施（路牌、围栏、禁止牌）防止无关人员进入。

（4）做试验时，现场布置的遮栏（围栏）应与试验设备高压部分留有足够的安全距离，并向外悬挂"止步，高压危险"标示牌，另一端也应装设遮栏（围栏）并悬挂"止步，高压危险！"标示牌，必要时派人看守。

（5）确保抢修工艺、质量符合要求。

## 易犯错误

（1）抢修不办票，抢修物料欠缺，重要措施不到位。

（2）赶时间而疏忽抢修作业时的工艺和质量。

## 4. 安监部 ——开展安全督查

监督抢修施工的现场安全，施工方案的安全、规范，必要时予以指出补充，管控抢修进度、施工质量，协调应急抢修材料的供应。

## 四 演练环节四——故障修复

### 1. 供电所 ——报告线路抢修完成

　　供电所向供电公司应急指挥中心、调度中心进行报告。

　　供电所抢修人员抢修完成后，汇报供电公司应急指挥中心、调度中心：人医开关站故障抢修结束，人员已撤离，接地线已拆除，相位无变动，线路已具备送电条件，请调度发令。

### 注意事项

恢复送电前，供电所需确认线路无异常，工作接地线均已拆除，人员已撤离，相位无变动。

## 2. 调度中心 ——发布恢复正常供电指令

调控分中心在接到故障抢修完毕的报告后，向供电所发布调度指令，恢复人医开关站正常供电。

待人医开关站正常带电后，调控分中心告知人民医院负责人：人医开关站故障已修复，请做好送电准备。人民医院电气人员关闭应急自备电源后，调度许可人民医院高配 A 线、B 线均由热备用改为运行，恢复人民医院正常供电。

## 注意事项

（1）恢复送电前，调度需与供电所确认线路无异常，可以送电。

（2）拆除全部接地线后，线路方可开始送电。

（3）送电前，调度通知用户。若有发电机或发电车供电时，还需先撤出发电机和发电车。

## 易犯错误

（1）送电前，调度未与用户提前联系。

（2）未拆除接地线即向线路送电。

## 3. 运检部门 ——应急发电车撤出

　　人民医院电气人员接到指令，恢复人民医院 1 号专变、3 号专变两路常供，2 号专变、4 号专变两路常供，合上 2 号、4 号总柜双投开关，恢复大电网供电。在确认供电正常后，人民医院电气人员通知供电所发电人员，医院已恢复正常供电，发电车可以关闭。

　　发电人员退出发电，且汇报营销部。

### 注意事项

（1）必须与人民医院电气人员确认人民医院已恢复大电网正常供电后，方可关闭发电车。

（2）连接线路拆出后，须与人民医院电气人员确认无遗漏，设备完好。

### 易犯错误

（1）未及时与人民医院电气人员确认恢复供电情况，停止发电。

（2）发电机撤出发电后，未及时检查遗留安全隐患。

## 4. 党委党建部 ——发布抢修结束公告

人民医院恢复供电，党委党建部向媒体发布抢修结束、供电恢复正常的信息。

### 注意事项

党委党建部向公司提出新闻突发事件应急响应结束申请。

### 易犯错误

处置完毕后，应确保闭环管理。

PART

5

第五部分

停电应急演练总结

## 相关部门演练总结

### 调度部门

本次演练中，调度对故障信息处置及时、准确，与人民医院值班电工联系到位，及时隔离故障点并恢复线路送电。

### 营销部门

本次演练中，营销在得到医院停电，及时与医院联系，协调相关部门，安排发电车，保证医院应急电源。同时，组织协调各部门开展重要电力用户停电应急响应。

**运检部门**

本次演练中，运检部门对故障抢修工作进行技术指导，关注现场施工方案是否合理，必要时立即指出更正，管控抢修进度、施工质量，协调应急抢修材料的供应。

## 供电所

在本次演练中，及时赶到医院停电现场，协同人民医院电气人员检查人民医院重要科室（急诊科室）的用电线路、用电设备运行情况。及时赶到故障开关站处，开展故障排查，隔离故障点，并安排故障抢修。